筑境

中国精致建筑100

1 建筑思想

风水与建筑
礼制与建筑
象征与建筑
龙文化与建筑

2 建筑元素

屋顶
门
窗
脊饰
斗栱
台基
中国传统家具
建筑琉璃
江南包袱彩画

3 宫殿建筑

北京故宫
沈阳故宫

4 礼制建筑

北京天坛
泰山岱庙
闾山北镇庙
东山关帝庙
文庙建筑
龙母祖庙
解州关帝庙
广州南海神庙
徽州祠堂

5 宗教建筑

普陀山佛寺
江陵三观
武当山道教宫观
九华山寺庙建筑
天龙山石窟
云冈石窟
青海同仁藏传佛教寺院
承德外八庙
朔州古刹崇福寺
大同华严寺
晋阳佛寺
北岳恒山与悬空寺
晋祠
云南傣族寺院与佛塔
佛塔与塔刹
青海瞿昙寺
千山寺观
藏传佛塔与寺庙建筑装饰
泉州开元寺
广州光孝寺
五台山佛光寺
五台山显通寺

6 古城镇

中国古城
宋城赣州
古城平遥
凤凰古城
古城常熟
古城泉州
越中建筑
蓬莱水城
明代沿海抗倭城堡
赵家堡
周庄
鼓浪屿
浙西南古镇廿八都

筑境

中国精致建筑100

江西三大书院

姚赯 撰文摄影

中国建筑工业出版社

出版说明

中国是一个地大物博、历史悠久的文明古国。自历史的脚步迈入新世纪大门以来，她越来越成为世人瞩目的焦点，正不断向世人绽放她历史上曾具有的魅力和光辉异彩。当代中国的经济腾飞、古代中国的文化瑰宝，都已成了世人热衷研究和深入了解的课题。

作为国家级科技出版单位——中国建筑工业出版社60年来始终以弘扬和传承中华民族优秀的建筑文化，推动和传播中国建筑技术进步与发展，向世界介绍和展示中国从古至今的建设成就为己任，并用行动践行着“弘扬中华文化，增强中华文化国际影响力”的使命。从20世纪80年代开始，中国建筑工业出版社就非常重视与海内外同仁进行建筑文化交流与合作，并策划、组织编撰、出版了一系列反映我中华传统建筑风貌的学术画册和学术著作，并在海内外产生了重大影响。

“中国精致建筑100”是中国建筑工业出版社与台湾锦绣出版事业股份有限公司策划，由中国建筑工业出版社组织国内百余位专家学者和摄影专家不惮繁杂，对遍布全国有历史意义的、有代表性的传统建筑进行认真考察和潜心研究，并按建筑思想、建筑元素、宫殿建筑、礼制建筑、宗教建筑、古城镇、古村落、民居建筑、陵墓建筑、园林建筑、书院与会馆等建筑专题与类别，历经数年系统科学地梳理、编撰而成。本套图书按专题分册，就其历史背景、建筑风格、建筑特征、建筑文化，结合精美图照和线图撰写。全套100册、文约200万字、图照6000余幅。

这套图书内容精练、文字通俗、图文并茂、设计考究，是适合海内外读者轻松阅读、便于携带的专业与文化并蓄的普及性读物。目的是让更多的热爱中华文化的人，更全面地欣赏和认识中国传统建筑特有的丰姿、独特的设计手法、精湛的建造技艺，及其绝妙的细部处理，并为世界建筑界记录下可资回味的建筑文化遗产，为海内外读者打开一扇建筑知识和艺术的大门。

这套图书将以中、英文两种文版推出，可供广大中外古建筑之研究者、爱好者、旅游者阅读和珍藏。

目录

江西三大书院

图0-1 远眺白鹿洞书院

白鹿洞书院位于江西庐山。山谷中一派葱茏翠绿，林间偶然透出几点粉墙黛瓦，这便是初见白鹿洞书院的印象。

中国古代的教育传统，既源远流长又颇为复杂，仅学校形式，大致而论，就有所谓官学与私学之分。官学大约起于西周，历代时有更张，名目不一；有名无实时多，名实相符时少，至宋代以后则完全沦为科举制附庸，已失去教育意义。私学则至少可追溯到孔子设帐收徒，有弟子三千之多，故孔子身后被尊为中国历史上第一位大教育家，而历代仿效者亦众。尽管自汉代之后，孔子创立的儒学就成为官学千古不易的唯一经典学科，然而历代都有众多的学者自行创办私学，宣讲他们对孔子遗留下来的经典的研究心得和增

图0-2 鹅湖书院前景
鹅湖书院位于江西上饶铅山县鹅湖镇。鹅湖书院的所在地如今是一个小小的村落，周围阡陌纵横，远处丘峦起伏，宁静而又孤寂。

补发展。这些内容往往在其生前受到当权者的排斥甚至镇压，而在身后又常常会获得当权者的承认，成为儒学正宗经典的一部分。如朱熹的理学、王阳明的心学，其命运都属如此。而在另一方面，私学的基本形式私塾，又是一般民众接受启蒙教育的唯一途径，同时也是通向官学之门的晋身之阶。所以官学与私学的关系，是非常复杂有趣的。大体上说，官学主要负按国家订立的标准行督导考核之责，并相应地推销法定的意识形态；私学则既是中国教育的基础，又更多地推动了中国古代学术思想的普及、发展和提高，同时又常常为官学多少提供一些新鲜的内容。

官学笼统而论，有县学、府（州）学、国学等层级；而私学固然以私塾为其基础，但其较为高级的形式，后来通常称作书院。书院始于唐代，大兴于宋代，至清代逐渐衰落。宋代至明代的书院，多数以学者聚众讲学为主；明代中期以后，许多书院逐渐也变成科举制附庸，学

图0-3 白鹭洲书院远景
白鹭洲书院位于江西吉安市赣江江心白鹭洲洲尾，创建于南京。白鹭洲以有白鹭为名，因此宋代创建书院，称为“白鹭洲书院”。

生主要学习的是八股文制艺；清代则书院大多已属官办，也像官学一样变得有名无实，不仅内容几乎全为科举时文，所谓教学其实也不过就是每年举行若干次考试考查而已，师生均鲜有住校，只在年节日时前来行礼如仪。故延续千年的书院传统，后来终不免被“洋学堂”——近代学校教育完全取代。

然而在这千年之中，确实有许多书院在当时成为中国思想、学术界注意的焦点，为宣扬学术、培养人才起到了显著的作用。而江西的书院在其中又扮演着重要的角色。如庐山白鹿洞书院，常被认为是中国最著名的由私人创办的书院；铅山鹅湖书院，则因中国历史上第一次哲学辩论会在该地举行而成为一处学术圣地；吉安白鹭洲书院，则因在南宋末年民族危难之时，培养出文天祥等一大批英杰之士而流芳后世。这三所书院，就是本书将要叙述的江西三大书院。

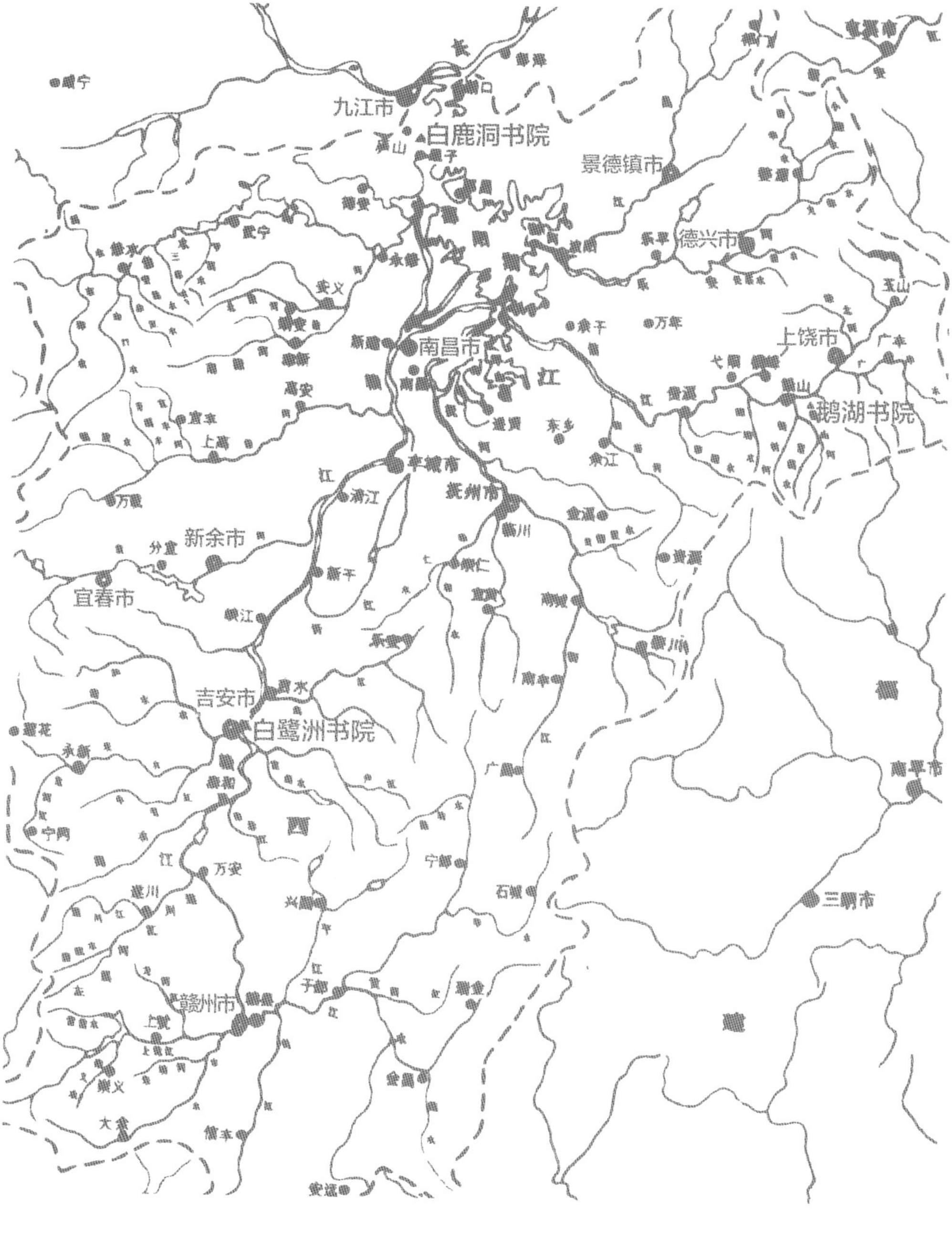

图0–4 江西三大书院分布图
赣江之中的一片沙洲之上却养育出一片绿洲，
绿洲之中便是白鹭洲书院。

一、林泉白鹿

白鹿洞书院，位于江西省星子县境内，庐山五老峰东麓，面临鄱阳湖通往长江的水道，这在古代是南北交通的一条大动脉。说起这书院的历史，也颇为错综复杂。它最早乃是一个私人隐居处，后来一度成为官学，最后才变成闻名天下的书院。按庐山在唐代已成为著名风景胜地，多有高人雅士在此结庐隐居，与山水为伴，或樵读自乐，或诵经礼佛。唐德宗贞元年间（785—804年），有一个叫作李渤的人，也来到此地。这李渤与众不同之处，在于他养有白鹿一头，据说善通人意，竟能来往山间，传递书简，甚至入市沽酒，被山民奉为神物。李渤遂得名白鹿先生，而他所隐居的无名山谷也就从此被称为白鹿洞。但李渤之所以能青史

图1-1　通往白鹿洞书院的旧路

古代从星子县城通往白鹿洞书院的大道，如今已变成了林中的一条羊肠小道。

图1-2　白鹿洞书院大门

/对面页

这是现在的书院大门，横额传说为李东阳所题。

白鹿洞書院

图1-3 贯道溪中看白鹿洞书院入口

留名，则是因为他后来做了官，而且多有治绩。他的官员履历中，很重要的一项就是在九江任刺史五年，刚好管着他的隐居旧地，他也就在那里大兴土木，把白鹿洞变成一处名胜。但李渤身后，白鹿洞迅即从历史中消失，留下了一段百多年的空白。

唐代于公元907年灭亡，当时天下早已大乱。庐山初属吴王杨行密管辖，杨行密手下有个权臣徐温，徐温收了一个准备继承其权位的养子叫徐知诰；经过一连串复杂的宫廷斗争，这个徐知诰在公元937年取代杨氏成为吴地主宰。第二年他宣布自己本来姓李，乃是唐朝宗室，现在重新正名，改名为李昇，自称皇帝，恢复唐朝国号，建都南京，史称此人为南唐前主。他于升元四年（940年），在白鹿洞建起了“庐山国学”，与首都南京的正式国学——国子监并驾齐驱，学生曾达数百人之多。他的儿子，后来的南唐中主李璟即位前，曾筑馆于庐山瀑布前，准备长期住下来。即位后，还将南昌定为南唐的南都。但南唐时运不济，公元 975年即被北方迅速崛起的新朝北宋所灭，庐山国学也随之瓦解。虽然在地方人士的维持下，白鹿洞作为一个私人书院又延续了几年，但很快就又变得毫无声息了。

又经过了一百多年的空白，到南宋孝宗淳熙六年（1179年），有一位名叫朱熹的人当上了管辖星子县的地方官。这一年朱熹49岁，虽然已经是一位著名学者，但尚未获得后来使他得以在孔庙之中侍立孔子之侧的显赫名声，相反却被一般朝廷大臣视为怪人。朱熹下车伊始，照例出榜安民，榜文中一反常例，不谈施政的方略，却大谈要征集当地的各种文化遗事往迹，从陶渊明一直到白鹿洞不等。到任不久，他就亲自前往白鹿洞考察，面对绿水青山中的残垣断壁，不免深有感触，竟然下决心要将湮灭已久的书院恢复重建起来。此事上达朝廷，被“喧传以为怪事”；尽管当地正值大旱，国库缺帑，朱熹还是鸠工营造书院。次年三月，修复工程初步告竣，朱熹率各级官吏，召集师生，前往书院，先行礼如仪，再升堂讲说《中庸首章》，并与同人作诗唱和，热闹非凡。接下去的一年中，朱熹制定了《白鹿洞书院揭示》，后来成为全国书院广泛遵循的办学条例。当时朱熹邀集了陆九渊等多位著名学者前来讲学，还建立了一整套书院礼仪制度。虽然淳熙八年（1181年），朱熹即调任他职，而且一去不回，但终其一生，他始终遥控书院的事务，遂使白鹿洞书院的声誉日益增大，后来还不断得到皇帝和朝廷的赐书、赐额，成为南宋最著名的书院之一。

南宋亡后，白鹿洞书院在元代屡有兴废，事迹不多，元末又废。至明代正统三年（1438年），翟溥福担任星子县地方官员期间，才纠集地方人士共同出资，对荒废已久的书院进行

图1–4 白鹿洞书院礼圣门

大规模重建，奠定了直至今日的书院格局。

现存的白鹿洞书院由不对称的五路四合院组成，背依山坡，面对流水，规模在江西三大书院中首屈一指。西端一路现有朱子祠等建筑，东端一路原为号舍，现已改为白鹿洞文物管理所的宿舍、食堂和招待所等生活服务部分，均已不是原来的格局。中间三路则基本保持着晚清时期的面貌。西路是书院主轴线，前有棂星门，为一五开间石牌坊，上有明人所书“白鹿洞书院”石刻，门后为一形制少见的长方形泮池。池后为礼圣门，乃一幢五开间平房；门内为一广庭，庭后即为书院等级最高的建筑——礼圣殿，为一座五开间周围廊重檐歇山顶建筑，雕刻甚工。中路也是一条重要轴线，前为八字头门，门内有御书阁，为一座三开间二层重檐歇山顶楼阁。阁后亦有一庭，庭后为明伦堂，乃一五开间大厅。堂后即为山体，有一个山洞，题曰“白鹿洞”，洞内有一座白鹿雕像。洞前从山中挖出一小块平地形成一个小院，院侧有蹬道，拾级而上，即可到达白鹿洞顶上的书院制高点——思贤台，在此可一览整个书院的风光。东路前亦有一八字头门，门内有宗儒祠，为一五开间带前廊建筑。祠后有小院，再穿过一道院墙，又有一组小型三合院，号称文会堂。此外，周遭尚有漱石、独对亭、枕流桥等名胜遗迹。

二、鹅湖雅集

鹅湖书院位于江西省铅山县境内。那里有一座山，叫作鹅湖山，山上有一座庙，就叫鹅湖寺。南宋淳熙二年（1175年）的某日，有四位著名学者，各自率领一伙学生及其他随从人等，先后来到庙里。他们是朱熹、吕祖谦和陆九龄、陆九渊兄弟。他们由吕祖谦邀集，要在此聚会五天，讨论思想与学术问题。结果这次集会成了中国哲学思想史上的一次极为重要的学术活动，史称“鹅湖之会”。

这次聚会何以选择这样一个今天看来不免过于荒僻的地方举行，有必要在此分说。聚会的发起人吕祖谦当时住在浙江金华，朱熹住在福建崇安，陆氏兄弟则住在江西金溪与贵溪两

图2-1 鹅湖书院头门
鹅湖书院虽坐南朝北，但它的主入口，当地称为“头门”的，却朝向东面。

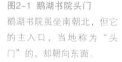

图2-2 鹅湖书院前院

进入头门，里面是一个狭长的前院，在这里转向北面，才是书院的大门。

图2-3 鹅湖书院大门正面
大门面宽五间，进深五架，是典型的南方民居做法。

县的交界处，鹅湖寺恰位于三地的几何中心附近。而鹅湖寺距信江不足10公里，寺侧有官道，更是南宋时沟通浙江与福建的必经之路。至于陆氏兄弟，不论是取道水路或陆路，也不论是往浙江还是福建，都势必要经过鹅湖寺附近。所以选择此地聚会，实为当时的最佳选择。

据历史记载，此次聚会实为朱熹和陆九渊二人的思想与学术大辩论，朱氏强调“格物穷理”，陆氏则认为“心即是理”，双方谁也没能说服谁，最终是无结果而散。不过朱陆二人仍互相尊重，终生保持友谊。后来朱熹重建白鹿洞书院，还请陆九渊前去讲学，陆氏在白鹿洞的讲义，至今仍是中国哲学史上的一份重要文献。而朱氏的理学和陆氏的心学，也都从此声名大著，成为中国古代哲学的两大门派。

淳熙十五年（1188年），另一位著名的思想家、文学家陈亮，又邀请朱熹和大诗人、抗金英

图2-4 鹅湖书院大门匾额

雄辛弃疾在此相聚。朱熹时年已近六十，并未出席。陈、辛二人在鹅湖寺及周围胜地盘桓十日，留下多首不朽词作，史称“鹅湖之晤”，又称“第二次鹅湖之会”。这次聚会的重要性虽不如上一次，但也堪称中国文学史上的一次著名雅集，而鹅湖寺自然也就更加出名。

南宋宁宗嘉定年间（1208—1224年），朱熹死后不久，他的理学思想经多年被朝廷斥之为“伪学”，加以查禁之后，此时忽然被承认为唯一正宗的儒家学说。朱熹从此就步上了陪祀孔子的康庄大道。而“鹅湖之会”也随之身价大增，遂有人在鹅湖寺西侧建起一座“四贤祠”，祀朱、吕及陆氏兄弟四人，以为纪念。南宋理宗淳祐十年（1250年），朝廷赐“四贤祠”名“文宗书院”，鹅湖书院的历史才算真正开始。所以它是开办在一处学术圣地的一所纪念性书院，这在中国历史上的无数书院中可称相当独特。

元代，文宗书院曾迁至当时的铅山县治所永平镇，后毁；鹅湖寺旁仅余四贤祠，元末也毁去。至明代景泰四年（1453年），广信知府姚堂又在鹅湖寺侧宋代旧址上重建书院，并正式题名为“鹅湖书院”。但弘治年间（1488—1505年），书院曾一度被地方官迁往鹅湖山顶，因其地势险峻，人迹罕至，自然迅速毁坏。直至正德六年（1511年），当时的江西提学副使李梦阳前来视察，颇为不满，遂令知县寿礼再在鹅湖寺侧的旧址上重建书院。此后，这所书院才算是摆脱了播迁不已的命运，但

图2-5 鹅湖书院平面图

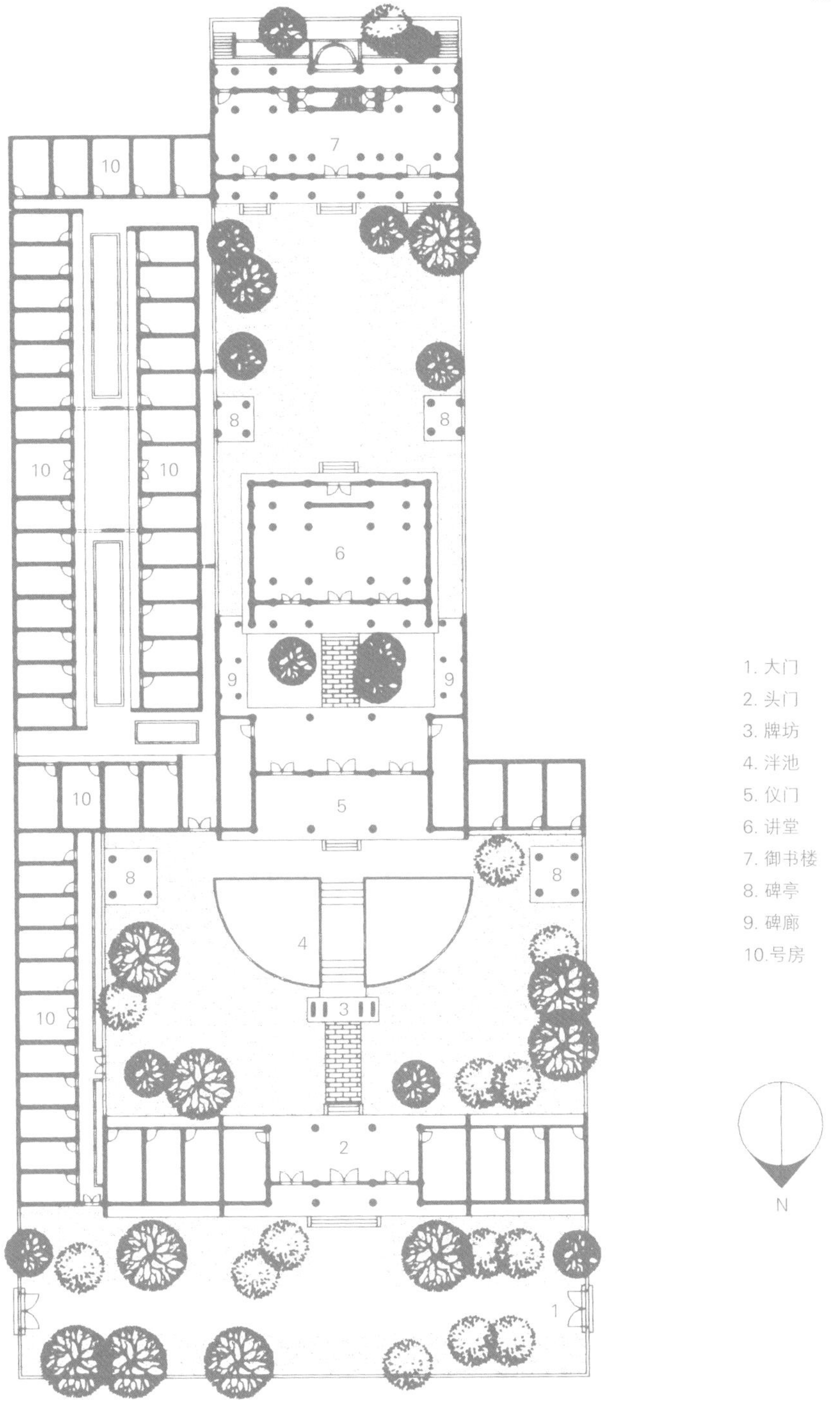

1. 大门
2. 头门
3. 牌坊
4. 泮池
5. 仪门
6. 讲堂
7. 御书楼
8. 碑亭
9. 碑廊
10.号房

屡毁屡修，仍然不可避免。到清康熙五十六年（1717年），皇帝钦赐匾额楹联，为此书院又大规模扩建，这才形成延续至今的建筑格局。

鹅湖书院与众不同之处，在于其主要建筑均坐南朝北，为此历史上还曾有过争论。书院纵向发展，有很长的南北向中轴线，但入口却在东北角上，进去之后是一个狭长的院子，走到院子中央，向右转99°，迎面见到五开间带前廊的头门，才进入了书院的中轴线。门后有一座石坊，为三间四柱式，体量虽不甚大，尺度却很合宜，而且雕刻颇有特色。石坊后面就是泮池，为典型的半圆形水池，池上有石桥一座。走过石桥，又是一座五开间建筑，是为仪门。穿过仪门有一小院，对面即为五开间带前廊、单檐歇山顶的讲堂，为书院中的主体建筑。穿过讲堂，又有一个开阔的庭院，两侧各有一座碑亭，尽端是一座七开间带前后廊、重檐歇山顶的2层楼阁，即为书院的藏书楼，号称御书楼。在讲堂和御书楼之间，原来还有一座四贤祠，祭祀在此举行“鹅湖之会”的朱、吕、二陆四人，现已不存。地势由北向南略有抬升，御书楼位于南端最高处。在这条轴线的东侧，还有一组狭长的小院，乃是当年的学生宿舍，称作号房。原本西侧也有大体同样的一组，现也已不存。1988年成立的鹅湖书院文物保护管理所，照看着这处饱经沧桑的学术圣地。

三、赣水苍茫

图3-1 白鹭洲书院云章阁正面
白鹭洲书院的云章阁是三大书院中最大的一座藏书楼，面宽五间，进深五架加前后廊，2层2重檐。

图3-2 白鹭洲书院风月楼/对面页
风月楼是三大书院中最大的一座楼阁建筑，也是三大书院中最大的一座纯游憩建筑。面宽三间，进深五架，3层3重檐，各层间收分显著。

白鹭洲书院的地点特别与众不同：它位于江西省吉安市东面的赣江中的一个沙洲之上。这沙洲面积约1平方公里，略呈梭形，地处江心，二水夹流，幽静别致，人称白鹭洲。南宋理宗淳祐元年（1241年），朱熹再传弟子江万里任吉安地方官时，在此兴建书院。首建六君子祠，祭祀理学自周敦颐至朱熹的各位大师；继建讲堂，号房和其他各种建筑。江万里是位著名的爱国学者，后来成为高级官员，南宋亡国时自尽身亡。另一位著名学者欧阳守道在1246—1258年间，两度主持书院学务。白鹭洲书院自创办至南宋灭亡虽只有短短三十五年，却培养出了一批赫赫有名的学生，其中最著名

风月楼

的首推民族英雄文天祥。故创办时间虽晚，名声却远播四海。

元朝统一中国后，作为抗元思想基地之一的白鹭洲书院并未荒废，吉安人民仍然执着地维持着书院，尤其是祭祀江万里、欧阳守道等人的香火不断。据说，书院虽屡经兵火水灾，圣人像座却毫无损伤。直至元末，书院才终于毁败。

明代初年虽以恢复汉人衣冠为号召，但其实对于汉民族的主要凝聚物——汉文化贡献有限。白鹭洲书院自元末衰败以后，直至明世宗嘉靖五年（1526年），已经过了一个半世纪，才终于有人在此重建讲堂。而到嘉靖二十一年（1542年），书院又被一位自作聪明的地方官迁往吉安城南，原址遂又遭废弃。又过了半个世纪，到明神宗万历二十年（1592年），地方官才又在白鹭洲上重建书院，当时在野的政界名人、理学家邹元标曾讲学其间。

明末书院再毁。清初一度重建，旋经三藩之乱，又毁。康熙二十七年（1688年）又重建，到康熙五十二年（1713年）又毁于大水。雍正二年（1724年）又重修，之后逐年有所增饰，到乾隆年间（1736—1795年）逐渐完备，重新成为江西的学术中心之一。咸丰年间（1851—1861年）又再毁再修，但规模已大不如前，并随着近代化过程的开始而走上了另一条道路。

1902年，清政府迫于内外交困，无路可走，不得不自行变法。这一年，白鹭洲书院“遵

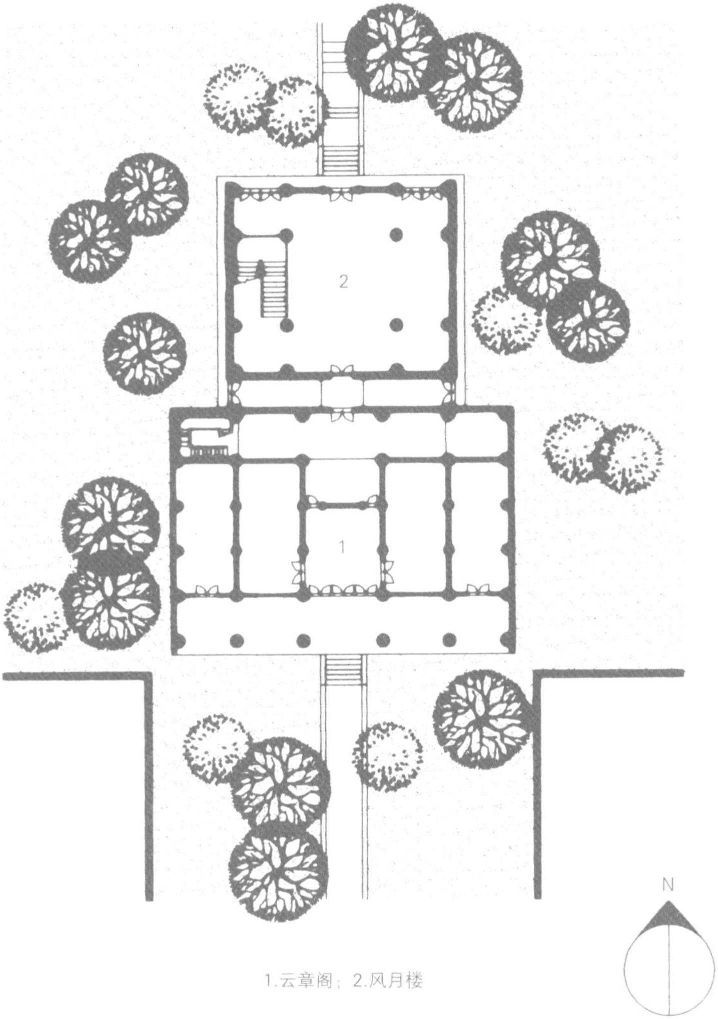

1.云章阁；2.风月楼

图3-3 白鹭洲书院云章阁、风月楼平面图

旨”改为吉安府中学堂。从此，它避免了逐渐消失于荒草瓦砾之中的命运，但却仍然无法避免逐渐改变其书院的本来面目。由于洲上发展空间有限，而时代要求迫切，现在的吉安市白鹭洲中学，虽然仍是满耳书声琅琅，也仍是当地著名学校之一，但大多数校舍均已成为现代化建筑，昔日书院遗迹只剩下原有轴线尽端，高台之上，临江矗立的云章阁与风月楼一组楼阁建筑。云章阁即藏书楼，为一五开间带前后廊单檐二层楼房，后廊形成一对天井，与风月楼相接；风月楼则是江西所有书院中体量最大，最具雄伟气魄的楼阁建筑，为一三开间三层重檐歇山楼阁，底层柱用红石砌成。登上此楼，北流而去的苍茫赣水尽收眼底，令游人还能隐约想象出当年英雄豪杰在此指点江山的壮烈情怀。

四、涵养自然

江西这三大书院，选址上可谓各具特色。白鹿洞书院取名山之胜，白鹭洲书院在江水之中，相形之下，鹅湖书院似乎略逊一筹，却也地处山林，风景优美。但在各具特色的背后，仍然可以看到它们的共同之处。

说到共同之处，这三所书院最基本的共同点乃是都和朱熹有关。白鹿洞书院因朱熹一手恢复，创立学规，从而名满天下；鹅湖书院是先因朱熹在此与陆九渊论辩五日成为学术圣地，才有后来的建设书院之举；白鹭洲书院创办之时朱熹虽早已过世，但创办人江万里的家学就是程朱理学，他本人又曾是白鹿洞书院的学生，就学于朱熹亲传弟子林夔孙门下，因而可称是朱熹的再传弟子。朱熹足迹遍及江西，曾在十余所书院讲学，对江西书院教育的影响至为深远。虽然许多书院不是早已湮灭就是默默无闻，但在这尚存的三大书院中仍然可以看到朱熹的许多影响。

朱熹的学问讲究“格物穷理”。所谓格物，即接触、了解天下万事万物；穷理，即从中揣摩统摄万物之天理。这种学问现在听起来不免有些玄奥，而且与今日所谓的自然科学毫不相干。但他确实要求学人接触自然，在自然界中沉思冥想，从中探求真谛。朱熹自己也身体力行。他的谢职闲居之所多半都在山林之中；而即使在出任官职之时，每有闲暇，他也常率弟子门人出游于各处名山胜水，一边游逛，一边讲论学问。朱熹认为，这体现了孔子“仁者乐山，智者乐水”和“君子之于学也，

图4-1　白鹿洞书院在山水之间/对面页
前有潺潺溪水，后有绵绵山岭，周遭森林茂密，这便是白鹿洞书院所处的自然环境。

藏焉、修焉、息焉、游焉”的治学精神。正是因此，江西三大书院地址与环境的选择出现了若干共同之处：

一是离开城市而又不远离城市。三大书院中，离城市最远的是白鹿洞书院，距当时的星子县城约10公里；最近的自然是白鹭洲书院，与吉安府城仅一水之隔，但这一水之隔不要说在古代，即使是现在，仍然足以把城市的喧嚣留在水的那一边。这样，就既使书院有一个安静的环境可供“格物穷理”，使学生不至于受到城市中的声色犬马的诱惑；又使书院不过于远离城市，以至于妨碍各种日用物资、学习用品尤其是学术信息的供应，并且使地方官吏在必要的时候能对书院实行有效的监督。考虑到南宋时书院林立，许多书院不是造在城市之中就是造在世家大族的庄园之中，这三所书院就体现出了朱熹学派的特色。

图4-2 田野中的鹅湖书院

图4-3 白鹭洲书院前院
白鹭洲书院虽然坐落在江心之中，植被却极为茂盛，古木参天，繁花似锦。

二是邻近主要交通线。三大书院中，白鹿洞位置最好，它靠近鄱阳湖至长江的水道，交通在当时极为方便；鹅湖书院则紧挨驿道，虽然古时陆路交通不及水路方便，但它距江西五大河流之一的信江也不远；白鹭洲书院本身就位于赣江之中，而古代的赣江乃是沟通岭南的一条交通大动脉。这样，就使得书院虽远离尘嚣，但又绝不是一个封闭的所在，而是一个开放的学术交流场所；天下学人都可以方便地来来往往，互相传递和追逐最新的学问。

三是都置身于自然风景之中。白鹿洞背靠庐山，风景之多自不待说；鹅湖山今天虽已无甚名气，但也有跌宕起伏，山上林木葱茏，山下流水潺潺，风景亦颇可一观；相比之下，倒是白鹭洲景色稍嫌单调，但赣水苍茫，水天一色，却也能把人们陶冶得心清志洁。在另一方面，书院的建筑与它所在的环境也都协调得很不错。三大书院尽管规模各有不同，但都以平房为主，只有藏书楼是楼房，且往往不做平座栏杆，却做成局部阁楼；其他主体建筑也都面貌朴素，体量近人，院落也大小得宜，没有什么巨大的广场，却布置有各种林园。总之，建筑不是要把自己突出在环境之中，而是努力和环境融合为一体，共同形成一个新的幽雅的学习环境。按朱熹的说法，书院的环境不仅要使学子有物可格，最好还能使人收敛精神，存其道气，归于持敬与主一。这些说法更加玄奥，似乎把做学问和参禅学道混杂在一起，但幽雅的环境能够修养心神，变化气质，在潜移默化中培养出健康而高尚的人格，却是中外教育家们一致的看法。在这一点上，这三大书院确实都能收到效果。

五、廊庙依稀

三大书院虽然在选址上有相通之处，但用地各异，规模有别；在总平面布置上，也是各具特色。白鹿洞书院规模最大，但却面水背山，受用地限制，故采用多条轴线，多路多进四合院横向展开的布置方式；白鹭洲书院当年的规模也不小，但因地处江心沙洲，同样受到地形限制，故以一条轴线，一路多进四合院纵向伸展的布置方式为主。至于鹅湖书院，一来规模相对较小，二来用地相对也较多限制，故采用了一条轴线，一路多进四合院两边加跨院，基本对称的布置方式。然而，无论如何布置，三大书院在总平面上还是有着许多共同之处。这些共同之处，来源于它们所受的共同影响。

首先是中国传统建筑的影响。书院作为一种教育建筑，本来与其他建筑类型应当有着明显的差别，在总平面布置上应当体现出自己的特色；然而无所不包的中国四合院，在经济和

图5-1 白鹿洞书院棂星门

图5-2 由白鹿洞书院棂星门看礼圣殿/对面页

正學之門
禮聖門
古往今来先聖後賢同

图5-3 白鹿洞书院的方泮池/前页
泮池为辟雍之半，本来应为半圆形；这里的方形泮池实为孤例。

科学技术均不发达的古代，却以其非同寻常的弹性，适应了几乎一切的建筑类型，从而使得这三大书院在总平面布置的基本形式上完全失去了可识别性。这样，识别性的获得，就要通过其他的手段来完成。

其次是佛教建筑的影响。佛教传入江西，基本上是以鄱阳湖周围地带为中心，再沿各条大小河流逐步向上游扩展。庐山地区就是佛教在江西最早的基地之一。东晋孝武帝太元九年（384年），有一位来自山西的高僧慧远在庐山创立东林寺，这所寺院至今仍然是世界著名佛寺之一。慧远与他僧不同之处，在于他既通佛理，又通儒学，而且认为这两者虽然各有出处，但殊途同归，无非是劝人向善而已。这在当时是相当与众不同的观念。后来到了唐朝（618—907年），佛教的一支禅宗在江西极为兴旺，禅宗有所谓“五家七宗”，大半都把基地设在江西。这禅宗也非常特别，出家人不必念经，也不必拜佛，只需如常人般每日起居劳作，闲暇时闭目打坐，去除妄念，明心见性，一朝顿悟，即可成佛。另一方面，禅宗又进一步将佛教与儒学合流，以佛理解释三纲五常之类的儒家伦理，居然也说得头头是道。法门如此方便，官府又因为其说法对统治有利无弊，乐观其成，跟进的人自然与日俱增，禅宗遂成为中国化的佛教中影响最大的一支，甚至远及日本、朝鲜，因此，江西形成了儒佛相资与沉思冥想的传统。在此背景之下，朱熹的理学在发展过程中就已受到禅宗的某些影响。朱熹在为白鹿洞书院拟订学规的时候，也是以“禅院

图5-4 从鹅湖书院大门看牌坊

图5-5 从鹅湖书院牌坊看仪门

清规”当作他模仿的蓝本。而佛教尤其是禅宗寺院的形制，无疑也就从此对书院发生影响。

禅宗寺院的主体建筑，原本有所谓“伽蓝七堂”之说，包括祖师堂、法堂、僧堂等，祖师堂中安放自菩提达摩以来的历代禅宗祖师牌位，以取代一般佛寺中的佛殿；法堂为寺院主持僧人向众僧解说禅理之处；僧堂则为众僧平日打坐参禅及晚间休息的场所。在布置上，法堂通常居中，祖师堂在其后，形成一条主要的中轴线；僧堂则往往在这条中轴线之侧，另外形成一个院落。这在各种佛教寺院之中，是很有特点的。而书院之中，也有类似的三大件：圣贤祠、讲堂、号房。这三大件的布置，同样也是讲堂居中，圣贤祠在后，号房在侧路。在鹅湖书院，这一布置方式显得极为典型；在白鹭洲书院，大致也是如此；只有白鹿洞书院，因为受用地限制，一条轴线不能拉得太长，才导致后来变成讲堂移出形成多条轴线的格局，而号房也较为分散。

此外，藏书楼的设置，也受到一般佛寺的影响。包括很多禅宗寺院在内，一般佛寺必定有一座藏经楼或藏经阁；这藏经楼通常位于大雄宝殿之后，主轴线的尽端，有时也放在主轴线之侧，另行组成一个别院；它通常也就是佛寺中高度仅次于宝塔的建筑。江西三大书院中各有一座藏书楼，位置也与禅宗寺院相仿：白鹿洞书院的藏书楼在侧路别院；鹅湖书院和白鹭洲书院的藏书楼则在主轴线的尽端。所有这些藏书楼，同样也都是每个书院的主要建筑之中最高的建筑。

图5-6 鹅湖书院泮池

前为泮池栏杆；中为“状元桥”；后为东碑亭。远景为狮山的北端。

第三是官学的影响。官学的制度起源极早，据《礼记》记载，天子之学称“辟雍”，乃一圆形水池，中设一方台，台上即为学官；诸侯之学称“泮”，意即辟雍之半，乃一半圆形水池，池后即为宫墙。这些制度经数千年流传，自然早已变动甚大，但作为一种传统的分量却不可低估。北京城里的明清国子监中，至今还有一座辟雍完好地保存着。而历代以来，虽然诸侯早已消亡多时，除国学以外的各地官学仍然称作“泮宫”，读书人考中秀才叫作“入泮”。唐宋以后，官学的建制日益制度化，一般府州县地方学校，均常与孔庙合建或比邻而居。它们门前均必有半圆形水池，即为“泮池”；泮池之前，必有牌坊或棂星门，上面的匾额，或称“金声玉振”，或称“道德文章”，诸如此类，不一而足。泮池上自然还有桥，号称状元桥，据说非状元不能过，一般人只能从旁边绕过水池。过桥之后，才是正门；正门之内，前为“大成殿”，祭孔；后为“明伦堂”，拜师。这些东西本为私家书院所无甚至不能有，但从朱熹重建白鹿洞书院开始，江西三大书院的建设从来都不完全是地方人士的私人行为，而是带有浓重的官方色彩；明代以后，书院日益官学化，这些官学的行头自然也就一一添置齐备。除白鹭洲书院在江万里首创之时即有棂星门、文宣王庙即孔庙之外，白鹿洞书院前的棂星门建于明宪宗成化三年（1467年）；鹅湖书院的石坊更晚，建于明武宗正德六年（1511年）。白鹿洞书院的礼圣门、礼圣殿，在翟溥福重修之时还一度改名，就叫作大成门、大成殿。

这样，在佛寺和官学的共同影响下，江西这三大书院终于有了自己的特征：官学的外部形象加上佛寺的内部空间结构。

六、道统绵延

道

禮聖殿

图6-1 白鹿洞书院礼圣殿正面全景/前页
礼圣殿面宽五间，进深五间，周围廊，重檐歇山顶。

书院作为一种教育建筑，本来应该以教学空间为其主体。朱熹重建白鹿洞书院之时，也是首先建起讲堂；但到了江万里创建白鹭洲书院之时，首先建起的却是六君子祠，鹅湖书院更是由四贤祠演变而来，事实上明清以降，书院中最重要的建筑早已不声不响地变成了各种名目的圣贤祠。这一演变绝非偶然，而是有着深刻的背景。

朱熹受佛教影响，一个重要的表现就在于特别强调所谓“道统”。中国佛教如禅宗自称其为释迦牟尼“教外别传，不立文字”，特别强调传承关系；传至六祖慧能之后，又有所谓南宗北宗之分；唐代以后更是派别日益增多，

图6-2 白鹿洞书院礼圣殿檐下的溜金斗栱
和正式的官式建筑相比，这些斗栱当然显得粗糙和不规范，但也自有一种野性的趣味。

图6-3 白鹿洞书院礼圣殿上部彻上露明造梁架

门户之见日炽，各派都有自己的头目，头目去世时又要选定下一任头目，并传之以衣钵，以为凭证；历任头目即称“祖师”，各派的祖师最终都要追溯到传说中的第一代中国祖师菩提达摩，以显示其合法性。这种合法性，称作“法统”，对于任何一个门派来说都是十分重要的。若是某个门派的祖师序列当中有几位说不清楚，这个门派的合法性就大成问题。整个祖师序列，都要做成牌位，放在各家禅院的祖师堂中，以供礼拜祭祀。在朱熹之前，儒家虽也有门派，但门户之见并不突出。朱熹仿效禅宗，也编撰了一套儒家的传承关系，称作“道统”，从孔子开始一直到他自己。这一套传承序列，其门人弟子自然也要做成牌位，放在各家书院中的各种名目的圣贤祠中，加以礼拜祭祀。明清以降，书院讲学之风已衰，教学活动日渐稀少，但统治者为了维护对意识形态的控制，却大力推崇朱熹所立的道统，从而使得书院的祭祀之风日盛，圣贤祠也就日益上升为书院中的核心部分。除历代道统传承者外，历代对书院建设有大功的人，在这里也都有一个香火之位。

圣贤祠各地名目不一，祭祀的人物不尽相同，规模大小有异，甚至连数目都有不同。数目上以白鹿洞书院为最多，历史上曾经多达五处，现在仍存四处。最主要的当然是礼圣殿，祭祀私人讲学的开创者，也是儒学的开山祖师爷孔子；朱熹虽然由于调离星子太早而不曾亲自建造，但也非常重视，莅临新任后便拨出三千贯官钱给他在星子的继任者修建礼圣殿及

图6-4　白鹿洞书院礼圣殿内的孔子像/对面页
悬挂在檩下的“万世师表”匾为1687年康熙帝御笔所书。

萬世師表
先師孔子行教像

亞聖孟子像
宗聖曾子像

图6-5 白鹿洞书院配享诸圣/对面页

两庑。因此殿地位尊贵，明代曾一度易名大成殿。在规模上也是直比一般府县孔庙，面阔五间，进深六间，重檐歇山顶，外有周围廊，内有前后槽，前有宽广庭院，庭院两侧有廊庑，院前还有大门，叫作礼圣门，明代也曾叫过大成门。在规格上乃是典型的官式建筑，但在具体细部做法上则融入了许多南方民居的做法。除此之外，后来还陆续建有朱子祠，祭朱熹；宗儒祠，祭周敦颐、程颢、程颐等理学祖师；先贤祠，祭李渤等人，现已不存；还有一个最为奇怪的忠节祠，祭的乃是诸葛亮外加陶渊明，其实均与书院无涉。这些祠堂均为五开间带前廊，单檐硬山顶，体量和等级均颇逊于礼圣殿，做法上也要简陋得多。鹅湖书院的圣贤祠也颇为复杂，最主要的一处，当然是它的前身四贤祠，将鹅湖之会的朱熹、陆九渊、陆九龄、吕祖谦四人全都当作开山师尊，但却没有孔子牌位，也没有大成殿之类专供祭孔之用的建筑；孔子的牌位历来都放在讲堂之内，也无专室存放。这种堂祠合一的做法虽有古礼可循，但到了明代已属罕见。四贤祠原为一五开间单檐歇山顶建筑，今已不存。此外，在御书楼建成之后，又在它的底层东次间内供奉“文昌帝君”，即所谓文曲星，据说可保佑学生考试成功；西次间内供奉“关圣帝君”，即关公关云长，

图6-6 白鹿洞书院配享诸子

用以培养学生的忠义之心。白鹭洲书院的圣贤祠最早为“六君子祠”，为江万里所建，专祭宋代六位理学名家，即为他继承的道统；稍后才建“文宣王庙”，祭孔。后来，又有人建“古心祠”，祭江万里。这些祠庙，现均已了无踪迹。

既有如许之多的祠庙，自然也要有相应的祭礼。祭礼到明代已经固定，分若干等，头等的叫作“释菜”，传自《周礼》，为学校开学之礼，本属官学之事，但早已传入书院，在每年春天开学之时，地方官亲率属官、师生入学举行，其他高级地方官如巡抚、提学使，以及书院本身的官员如主洞、教官初次到书院时也应举行。释菜之礼颇为简朴，祭品只有兔子三只，芜菁、枣子、栗子各若干；礼仪也只是众人在孔子像前四拜而已，孔子在这里只是作为教育本身的一种象征。其次一等的叫作“释奠”，也来自古代祭先师之礼，但此时当然已完全变成了专门祭孔之礼。释奠在每年春秋两季各举行一次，也由地方官率属官举行，典礼较之释菜复杂得多。祭品多达三十五种，从全羊、全猪一直到蔬菜、豆子，还有白色丝绸一块，长一丈八尺，称作“帛”。祭礼从大殿前的院子中开始，主祭者在赞礼者的导引下由中门入殿，在孔子像前献帛，献酒，宣读祭文，行四拜之礼，然后再到“配享诸圣”即孔子的几位主要门人牌位前如法炮制，只是少了一套献帛的程序；献到最后一位即“亚圣”孟子之时，还有若干位“分献官”要同时在殿内及殿外两庑的其他配享人士像前也如法炮制；如此

图6-7 白鹭洲书院云章阁内景/对面页
甚至在这座藏书楼的底层明间，也放置了孔子神像。

先師孔子行教像
功德

反复三遍，称作初献、亚献、终献。最后回到孔子像前，主祭者自饮一杯“福酒”，执事者撤下祭品，众人拜四拜，依序退出至殿前，烧掉祭文和帛，礼毕。以上两种祭礼最为主要，各书院基本通用，献祭的时间也大致相同，特别是释奠之礼，和各府县文庙并无差异。白鹿洞书院因为祠祀较多，祭礼也多，但都在释奠之后依次举行，礼仪、祭品相应减等而已。

时代越晚近，书院的教学活动就越少，而各种祭祀活动却日益成为书院的主体，书院也就由一所学校日益变得像一所祠庙，“道统”的仪规日益成为江西三大书院教育的重要部分。

七、明心见性

尽管祭祀活动在书院中日益重要，但书院总是一个教学机构，最起码在形式上也要维持一定的教学活动，只是这些教学活动与我们今天所熟悉的大相径庭。在宋元至明中期，教席并不教授多少知识，主要是教学生修身养性；到了明代后期以后，又不强调教修身养性，而主要是教学生做八股文，以便中举做官。由于教学内容的变化，教学方式相应地也发生了变化，因而为之服务的建筑，实际上也有所变化。

宋代书院之中，最重要的建筑本来是讲堂，已如前文所述。讲堂之设是模仿禅宗寺院中的法堂而来，供书院主持者或其他有资格的人士“升堂讲说”，阐述自己的观念，如陆九渊应朱熹之邀，在白鹿洞书院升堂讲说《论语》君子小人章，强调义利之辩，极言科举使人追逐名利之弊。主持者又可升堂“策问”，即提出问题，要学生加以讨论。朱熹以后，

图7-1 白鹿洞书院明伦堂内景
这是白鹿洞书院正式的讲堂。它面宽五间，进深原来应为六架加前廊，但现在内部结构已有改变。

图7–2 白鹿洞书院文荟堂外景

在白鹿洞书院的后期，很多讲堂的功能主要在文荟堂中完成。它面宽五间，进深四架加前廊。

图7–3 鹅湖书院讲堂前院/后页

这是仪门与讲堂之间的一个狭长的小院，图中左边是仪门，右边是讲堂，后面是书院的碑廊。

图7-4 鹅湖书院讲堂内景

讲堂渐有名目，江万里建白鹭洲书院，讲堂称“道心堂”；明代翟溥福重建白鹿洞书院，朱熹所建讲堂已无存，他重建的讲堂模仿官学，称作明伦堂，后来的重修者们曾先后改为讲修堂、彝伦堂，最后又改回为明伦堂，但讲堂的具体功能则已逐渐转移到后建的文荟堂，又称会文堂。只有鹅湖书院，始终称作讲堂。但明清以降，陆九渊所言义利之辩早已被人遗忘，科举之风日甚一日，书院逐渐变成科举训练场，而训练的方法与今天应付考试也没什么区别，就是反复模拟训练。因而书院之中，考试日多，清代中期白鹿洞书院每月考试多达六次，另外还有定期大考。而主持者升堂，往往不是开讲，而是开考——主持者默然上坐，学生龟缩堂下，点名已毕，题目发下，学生便即四散，主持者亦即退席。

不论什么时候，书院一旦有人升堂，就是大事，须有相应礼节。儒学自孔子以来的传

图7-5 白鹿洞书院御书阁正面

统就极为重视礼仪，认为它是个人修养的重要组成部分，因而对礼仪的学习，也是书院教育内容的重要一环。鹅湖书院的开讲，须由主持者、主讲人及其他有关人士率全体学生向孔子牌位拜揖，然后在赞礼者的喊声中登上讲席，学生行礼，主持者献茶，鸣鼓三通，然后才开讲。讲毕，又要献茶，学生行礼，主讲人这才退席。白鹿洞书院的主持者到任离任，也要在讲堂举行师生相见或告别仪式。康熙二十一年（1682年）担任江西提学道的高璜，曾经不厌其烦地亲自为这类仪式制定了详细的规定，其中包括某人请某人坐时，他应该逊谢多少次再坐下等等。这样，讲堂也就日益由书院中唯一的讲课和讨论的场所变成各种仪式化的场所之一。

学生在书院之中既然少有听课，除应付考试之外，只能自己读书，因而就要有书可读。所以，书院之中总要有一个藏书的地方，这就

图7-6 鹅湖书院御书楼

图7-7 白鹭洲书院云章阁近景

图7-8 白鹭洲书院云章阁次间教师宿舍/前页
当年的教师宿舍住宿条件尚且不过如此，学生宿舍就更可想而知。

图7-9 鹅湖书院号房/对面页
这里便是当年四方游学士子在书院中的住宿场所。

是藏书楼。三大书院中，现存最为完好的藏书楼当属白鹭洲书院的云章阁。七百多年来，它的位置一直没有什么变化，始终位于沙洲北端的高地之上，书院主轴线的尽端。白鹿洞书院的情形较为复杂，它的第一座藏书楼也叫云章阁，建于南宋，早在明代即已湮灭无踪；而明清二代，白鹿洞书院的藏书数量保持在两千册以上，而且有一套较为完整的管理办法，但却未见建造藏书楼的记载，也未见这些书藏于何处。仅在清代建起了一座御书阁，专供收藏康熙帝二次所赐共七百多册书之用。这御书阁体量并不很大，似乎也很难容纳下更多的书籍。鹅湖书院也是在清代建起御书楼后才有固定的藏书场所，但它的藏书量甚少，只有数百册而已，皇帝似乎也没有给它赐下多少书籍，使得御书楼之设的象征意义多于实际意义。

按书院创建之本意，学生都应该住校，所谓“容四方游学士子”，以便他们在这里屏绝俗务，一心学习；这样就要有宿舍，称为号房、号舍，这是学生在书院中度过绝大多数时间的地方。一方面学生必须以自学为主；另一方面，当时的书院不像现在的学校，既没有自修教室——所有的殿、祠、讲堂，在清代甚至还包括它们的前庭，在不举行仪式的时候都是紧紧关锁的；更没有阅览室——藏书楼或其他的藏书之处都是仅供收藏，虽可以借阅，但绝对不提供阅览空间。因此，学生在书院中其实几乎是无处可去，只能待在自己的宿舍里。这样，号房对于学生来说就显得格外重要。

在三大书院中，唯一还较好地保存着号房的是鹅湖书院，现存大小号房共四十七间，在书院中轴线以东分别组成南北两个狭长的院子。在南面一组中，有一个较大的厅，号称“明辨堂”，应为东面号房中的上房所在。原来西面也有完全对称的两组，而且也有一个厅叫作“愿学堂”，但现已不存。这二堂之设，多少有些像现在学校中的班级，每堂均设有堂长一人，宋元时由资浅教师担任，明清时则由学生中择优担任，负责督促学生平日功课及操行。除鹅湖书院外，其他书院也均有类似设置。这些号房的居住条件，以今日眼光看，实在并不太好：大部分房间均为东西向；除朝向院子也就是朝西的一面开有门窗外全部封闭，因而房内光线很差；隔墙是纸糊的；唯一可取之处是面积，一般都有十二三平方米，有一些还更大，考虑到当时一间房往往只住一人，故尚充裕。由此可知，当时的学生住在书院中读书，实在是相当清苦的，没有一定毅力，定然无法支持。所以当时大概也有不少学生难以承受这样的压力，而做出种种越轨之事，乃至于历任主持者经常要申明种种戒令，禁止诸如白日打眠，脱巾裸体，以及拆毁门窗、板壁、家具桌凳之类。

八、山水有情

图8-1 白鹿洞书院枕流桥

学生在书院内的活动空间虽然极为有限，但江西三大书院的一个共同的好处是都有一个良好的自然环境，学生只要走出书院，就是广阔天地任遨游，而这也正是朱熹的本意。这样，书院周围的环境就与书院自身紧密结合起来，在某种意义上甚至成为书院教育的一个组成部分；而这三大书院又都是著名学术圣地，历代以来，多有文人雅士前来观光游览，从而在丰富的自然景观中又添加了许多人文景观。

白鹿洞书院因背靠庐山，景观最多。书院西北二十里有庐山最著名的山峰之一五老峰，峰顶海拔1358米，五座连绵的山峰横隐苍穹，傲然壁立，山下即为鄱阳湖，山光水色，

图8-2 白鹿洞书院思贤台
台下的山洞即为开凿于1530年的鹿洞，洞中的石鹿作于1535年。台上的思贤亭是书院建筑中的最高点。

云雾迷茫，早已成为著名胜地。唐代大诗人李白有诗赞道："庐山东南五老峰，青天削出金芙蓉。"又说："余行天下，所游览山水甚富，峻伟奇特，鲜有能过之者，真天下之壮观也。"书院所倚的后屏山，即为五老峰余脉。北面的三叠泉瀑布，是庐山最为壮观的一处巨大瀑布，因分三段落下而得名，原有小路通往书院，路程仅数里。书院前有贯道溪蜿蜒流过，溪中多大石，石上多有先人石刻；溪水湍急，大水时水石相激，声若鼓吹，有小三峡之称。溪上原有桥三座，一名贯道，一名枕流，一名流芳，贯道桥原在书院主轴线上，正对棂星门，不知为什么每建不久必遭大水破坏，屡毁屡建，终于废去。枕流桥在书院东南麓，近代以前，书院的入口即为此桥；桥上原有亭，早已不存。桥侧亦有亭一座，名为独对亭，建于明代，后经重修，已非原貌。流芳桥距书院约二里，桥前后原有石坊多处，现均已不存。书院中的白鹿洞，开凿于明嘉靖九年（1530年），洞中的石鹿，原为明嘉靖十四年（1535年）知府何岩命人打制安放，明万历四十二年（1614年）参议葛寅亮重修书院时认为事属无稽，又命人将之移走，埋入地下；直到1982年书院修缮时才被工人无意中从地下挖出，重新置入洞中。洞上的思贤台和思贤亭建于明嘉靖三十年（1551年），又名鹿鸣亭，登亭远眺五老峰，霞光秀色历历在目，俯瞰书院殿堂，一览无遗。

图8-3 从鹅湖书院中远眺东面的象山/对面页

鹅湖书院建于鹅湖山的北麓。鹅湖山为武夷山脉东支的一部，主峰海拔690米，周围四十余里，峰峦起伏，有龙虎狮象四山，均以象形而得名。虎山在书院背后；龙山在书院之西南侧；象山在书院东面；狮山在书院斜对面，院中各处都能见到，状若伏狮，山头丹岩峥嵘，眼耳口鼻均略可辨，最为壮观。书院东侧原有鹅湖寺，始建于唐代大历年间（766—779年），即朱陆“鹅湖之会”举行之地，唐、宋、元三代均香火鼎盛，明代中期以后才逐渐衰败，但仍然维持着宗教活动，并保有大量古代遗址和遗物，直到新中国成立前才被一场大火彻底烧毁。寺中有舍利塔，八角七层，用红石砌筑，高三十余米，可能建于宋真宗乾兴元年（1022年），抗战初期毁于兵燹，据说有舍利等珍贵文物出土，但均早已不知去向。距书院约15公里的现铅山县城河口镇，镇北1.5公里处有岩洞名章岩，北宋前即有章岩寺，朱熹曾在寺中讲学。距书院不到10公里的原铅山县、州治永平镇，镇北2公里处有石井庵，庵中石井为一自然石洞，中有泉水涌出，澄碧如镜，大旱不绝。永平镇东约10公里处，有瓢泉，为辛弃疾晚年终老之所。辛弃疾之墓在永平镇南7.5公里处的阳原山，至今保存基本完好，为省级文物保护单位。

图8-4 白鹭洲书院风月楼前看赣江/对面页

白鹭洲书院位于赣江江心，环境相对单纯，但书院轴线末端的风月楼，却是三大书院中最大的一座楼阁建筑，而且纯为观赏风景而建，并无其他具体功能。登上风月楼，凭栏临风，望赣江水滔滔北去，想必是当年书院师生读书之余的一大乐事。在江对面的市区，临江也有一座楼台与之遥遥相对，也是一座建于高台上的三层楼阁，本来叫作青原台，明代以后改为钟鼓楼。青原台得名于青原山，这是距吉安府城约7.5公里的一座名山，唐代神龙元年（705年）建安隐寺，宋代改名净居寺，为禅宗第七代祖师行思的道场，历代均为大寺，明代还曾是王阳明的讲学之地。

九、千古传诵

三大书院既为学术圣地，又为风景胜地，古往今来，文人雅士往来不绝，留下了许多名篇胜简、风流韵事。

朱熹重建白鹿洞书院时，曾经订立一份《白鹿洞书院揭示》作为学规，它后来随着朱熹地位的节节升高，成为全国书院共同遵守的经典教条，而且据说至今仍然被一些海外中华文化圈内的学校奉为校训。这份学规较长，只摘录其主旨：

父子有亲，君臣有义，夫妇有别，长幼有序，朋友有信，右五教之目。

博学之，审问之，谨思之，明辨之，笃行之，右为学之序。

言忠信，行笃敬，惩忿窒欲，迁善改过，右修身之要。

正其谊，不谋其利，明其道，不计其功，右处事之要。

己所不欲，勿施于人，行有不得，反求诸己，右接物之要。

明代大学者王阳明曾两次来到白鹿洞，后一次并聚徒讲学，亦有诗留念，题为《登独对亭望五老》：

五老隔青冥，寻常不易见。我来骑白鹿，凌虚陟飞巘。长风卷浮云，搴帷始窥面。一笑仍旧颜，愧我鬓先变。我来尔为主，乾坤真过传。海灯照孤月，静对有余眷。彭蠡浮一杯，宾主聊勤劝。悠悠万古心，默契可无辨。

图9-1 白鹿洞书院“回流山”石刻

明代另一位著名的文学家李梦阳，曾经做过江西提学副使，对三大书院的修复均有重大贡献。他对白鹿洞情有独钟，留有多首诗作，而且诸体俱全。这里仅录一首五言绝句《白鹿洞》：

白鹿昔成群，鹿去谁复来。樵子暮行下，洞中云自开。

明代还有一位怪人到过白鹿洞，传说此人自称紫霞道人，来到洞中向学生借用笔墨，学生不给，他就自己“编蒲为书”，写下《游白鹿洞歌》一首：

何年白鹿洞，正傍五老峰。五老去天不盈尺，俯窥人世烟云重。我欲揽秀色，一一青芙蓉。举手石扇开半掩，绿鬟玉女如相逢。风雷隐隐万壑泻，凭崖倚树闻清钟。洞门之外百丈松，千株尽化为苍龙。驾苍龙，骑白鹿，泉堪饮，芝可服，何人肯入空山宿。空山空山即我屋，一卷《黄庭》石上读。

鹅湖书院也颇有名人遗篇。南宋大诗人辛弃疾有多首诗词与鹅湖有关，但当时鹅湖尚未有书院之设，此处不录。李梦阳在鹅湖也有诗作，题为《鹅湖书院》：

书院佛堂边，颓垣岭谷连。四时僧洒扫，千古俨高贤。立壁东莱毅，悬河子静偏。众流归一海，流泪考亭前。

图9-2 白鹿洞书院宗儒祠中悬挂的“学达性天”匾/对面页
该匾为1687年康熙帝御笔所书。

學達性天
文公朱子享祠碑記

这里对鹅湖之会的人物多有臧否。东莱即吕祖谦，子静即陆九渊，考亭即朱熹。李梦阳认为众人之学，最终都要归于朱熹，才能长河入海。

三大书院中，著名题铭、刻石也不在少数。在白鹿洞书院，仅署名朱熹或传说为朱熹所题的刻石就有十处以上，惜今日大部已磨蚀不清，难以辨识。至于匾额楹联，也颇有可观之处。白鹿洞书院棂星门上横额“白鹿洞书院”五字，相传为李梦阳所书；明伦堂前曾有牌坊，上书“山水辉光”，建于明代嘉靖年间（1522—1566年），后来书院学生科举屡屡不中，成绩甚差，遂有人想起此四字出自朱熹诗句“弦歌独不嗣，山水无辉光”，以为大大不吉，将该牌坊远移至流芳桥外，坊额也改书“高山仰止”，但不知此举对科举成绩有何作用。明伦堂前旧有对联，传为朱熹所作，实为明代嘉靖年间江西巡抚虞守愚所作，联云：“鹿豕与游，物我相忘之地；泉峰交映，智仁独得之天”。

鹅湖书院有康熙帝赐书匾额及对联，额云“穷理居敬”，联云：“章岩月朗中天镜，石井波分太极泉”。章岩、石井，均为鹅湖周围名胜，前文已述。白鹭洲书院风月楼中有对联云：“千万间广厦重开，看青阁层楼势临霄汉；五百里德星常聚，合南金车前辉映江山”。

图9-3 鹅湖书院碑廊

图9-4 鹅湖书院碑亭内景/后页

大事年表

朝代	年号	公元纪年	白鹿洞书院	鹅湖书院	白鹭洲书院
唐	贞元年间	785—804年	李渤隐居白鹿洞		
五代南唐	升元四年	940年	南唐在白鹿洞建立“庐山国学”		
南宋	淳熙二年	1175年		朱熹、陆九渊、陆九龄、吕祖谦在鹅湖寺举行“鹅湖之会”	
	淳熙六年	1179年	朱熹出任知南康军，开始重建白鹿洞书院		
	淳熙七年	1180年	重建初成，朱熹率各级官吏及师生行礼开学，升堂讲说		
	淳熙十五年	1188年		辛弃疾、陈亮在鹅湖寺举行“第二次鹅湖之会”	
	嘉定年间	1208—1224年		有人在鹅湖寺旁建起“四贤祠”，祀朱、二陆、吕四人	
	嘉定十年	1217年	朱熹之子朱在以大理寺知南康军，重修书院		
	绍定六年	1233年	江东提刑兼提学袁甫等重修书院		
	淳祐元年	1241年			江万里出任知吉州，兴建白鹭洲书院

朝代	年号	公元纪年	白鹿洞书院	鹅湖书院	白鹭洲书院
南宋	淳祐十年	1250年		朝廷赐四贤祠名“文宗书院”	
元	初年			文宗书院迁往铅山州治永平镇	
	至元年间	1264—1294年	南康路总管陈炎酉修缮书院		
	至元十九年	1282年			书院毁于水灾，吉安路总管李珏重修
	皇庆二年	1313年		知州窦汝舟建会元堂	
	至正十一年	1351年	书院毁于兵火		
	至正十二年	1352年			书院毁于兵火
	至正十五年	1355年			吉安路总管纳迷儿丁等重修书院，不久又毁
	末年			书院毁于兵火	
明	正统三年	1438年	南康知府翟溥福重建书院		
	景泰四年	1453年		广信知府姚堂于鹅湖寺侧原址重建书院，题额为“鹅湖书院”	
	成化元年	1465年	江西提学佥事李龄与知府何浚重修书院		
	弘治年间	1488—1505年		鹅湖书院迁于鹅湖山顶	

朝代	年号	公元纪年	白鹿洞书院	鹅湖书院	白鹭洲书院
明	弘治十年	1497年	江西提学佥事苏葵与知府刘定昌重修书院		
	正德六年	1511年		江西提学副使李梦阳令铅山知县秦礼在鹅湖寺侧故址重建书院	
	正德十六年	1521年	王阳明在书院集门人讲学		
	嘉靖元年	1522年	知府罗辂修缮书院		
	嘉靖五年	1526年			吉安知府黄宗明重建书院讲堂
	嘉靖九年	1530年	知府王榛在讲修堂后山辟洞，是为书院有洞之始		
	嘉靖十四年	1535年	知府何岩置一石鹿于洞中		
	嘉靖二十一年	1542年			知府何其高迁书院于城南，改名白鹭书院
	万历七年	1579年	大学士张居正下令废全国书院，书院停办		
	万历十一年	1583年	书院复办		
	万历十四年	1586年		知县陈映修葺书院	
	万历二十年	1592年			知府汪可受重建书院于白鹭洲故址

朝代	年号	公元纪年	白鹿洞书院	鹅湖书院	白鹭洲书院
明	万历四十二年	1614年	参议葛寅亮等大修书院，去洞中石鹿埋之		
明	天启五年	1625年	宦官魏忠贤下令毁全国书院，但未见白鹿洞被毁记载	书院经全县儒士力争得以保全	书院遭废毁
明	崇祯年间	1628—1644年			知府林一柱重建书院
明	崇祯十七年	1644年		翰林院编修杨廷麟等重修书院，不久即毁于兵火	
清	顺治三年	1646年			湖西道杨春育等修复书院
清	顺治七年	1650年	知府徐士仪等重修书院		
清	顺治九年	1652年		巡抚蔡士英等重修书院	
清	康熙三年	1664年			知府郭景昌等重修
清	康熙十三年	1674年		毁于“三藩之乱”	
清	康熙十四年	1675年			毁于“三藩之乱”
清	康熙十六年	1677年	知府伦品卓等捐俸大修		
清	康熙二十二年	1683年		知县潘士瑞修葺	
清	康熙二十四年	1685年	康熙帝赐书，书院建御书阁以贮之		
清	康熙二十六年	1687年	康熙帝赐匾额对联		

朝代	年号	公元纪年	白鹿洞书院	鹅湖书院	白鹭洲书院
	康熙二十七年	1688年			知府罗京开始修复书院
	康熙五十二年	1713年			书院遭大水破坏
	康熙五十四年	1715年		知县施德涵重修书院	
	康熙五十六年	1717年		康熙帝赐匾额对联	
	雍正二年	1724年			知府吴铨等重修
	乾隆九年	1744年		知县郑之侨重修书院	
	乾隆三十一年	1766年	知府陈子恭修葺		
清	乾隆三十八年	1733年			知府卢淞修葺
	嘉庆九年	1804年	巡抚秦承恩重修		
	道光二十七年	1847年		知县李淳大修	
	咸丰年间	1851—1861年		遭兵火严重破坏	遭兵火严重破坏
	咸丰三年	1853年	屋宇倒毁，生徒星散		
	咸丰七年	1857年	主洞潘先珍拨团练费修葺		
	光绪二十八年	1902年		改为鹅湖师范学堂	改为吉安府中学堂
	光绪二十九年	1903年	书院停办，产业、校舍交南康府中学堂接管		

"中国精致建筑100"总编辑出版委员会

总策划：周　谊　刘慈慰　许钟荣

总主编：程里尧

副主编：王雪林

主　任：沈元勤　孙立波

执行副主任：张惠珍

委员（按姓氏笔画排序）

王伯扬　王莉慧　田　宏　朱象清　孙书妍

孙立波　杜志远　李建云　李根华　吴文侯

辛艺峰　沈元勤　张百平　张振光　张惠珍

陈伯超　赵　清　赵子宽　咸大庆　董苏华

魏　枫

图书在版编目（CIP）数据

江西三大书院 / 姚赯撰文 / 摄影. —北京：中国建筑工业出版社，2013.10（2024.3重印）

（中国精致建筑100）

ISBN 978-7-112-16650-3

Ⅰ.①江… Ⅱ.①姚… Ⅲ.①书院-建筑艺术-中国-江西省-图集 Ⅳ.① TU-092.2

中国版本图书馆CIP 数据核字（2014）第061437号

责任编辑：董苏华 张惠珍 孙立波

技术编辑：李建云 赵子宽

图片编辑：张振光

美术编辑：赵 清 康 羽

书籍设计：瀚清堂·赵 清 周伟伟 康 羽

责任校对：张慧丽 陈晶晶 关 健

图文统筹：廖晓明 孙 梅 骆毓华

责任印制：郭希增 臧红心

材料统筹：方承艺

中国精致建筑100

江西三大书院

姚 赯 撰文/摄影

中国建筑工业出版社出版、发行（北京西郊百万庄）

各地新华书店、建筑书店经销

南京瀚清堂设计有限公司制版

北京富诚彩色印刷有限公司印刷

开本：889×710 毫米 1/32 印张：3 插页：1 字数：125 千字

2015年9月第一版 2024年3月第二次印刷

定价：**48.00**元

ISBN 978-7-112-16650-3

（24378）